the

# SCIENTIFIC AMERICAN

D S